CONTRIBUTION

A L'ÉTUDE

DES BENZOATES MÉTALLIQUES

PAR

Georges REBIÈRE

Pharmacien de 1re classe.
Préparateur à la Faculté mixte de Médecine et de Pharmacie de Bordeaux.
Lauréat de la Société de Pharmacie de Bordeaux (Médaille de vermeil 1893).
Lauréat des Travaux pratiques de Chimie (Prix 1894 et 1895).
Lauréat du Prix Barbet (Médaille d'argent 1894).
Lauréat du Conseil général de la Gironde (Médaille de vermeil 1895).
Lauréat du Prix de la Faculté (Médaille d'or 1896).

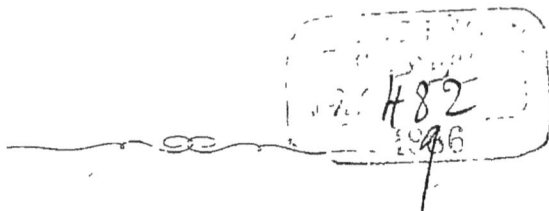

BORDEAUX

G. GOUNOUILHOU, IMPRIMEUR DE LA FACULTÉ DE MÉDECINE

11, RUE GUIRAUDE. 11

1896

CONTRIBUTION

A L'ÉTUDE

DES BENZOATES MÉTALLIQUES

CONTRIBUTION

À L'ÉTUDE

DES BENZOATES MÉTALLIQUES

PAR

GEORGES REBIÈRE

Pharmacien de 1re classe.
Préparateur à la Faculté mixte de Médecine et de Pharmacie de Bordeaux.
Lauréat de la Société de Pharmacie de Bordeaux (Médaille de vermeil 1893).
Lauréat des Travaux pratiques de Chimie (Prix 1804 et 1893).
Lauréat du Prix Barbet (Médaille d'argent 1894).
Lauréat du Conseil général de la Gironde (Médaille de vermeil 1895).
Lauréat du Prix de la Faculté (Médaille d'or 1896).

BORDEAUX

G. GOUNOUILHOU, IMPRIMEUR DE LA FACULTÉ DE MÉDECINE

11, RUE GUIRAUDE, 11

1896

INTRODUCTION

L'acide benzoïque et ses dérivés salins consti-
tuent des médicaments actifs, dont l'emploi thérapeutique tend à se généraliser tous les jours.

Doués de propriétés antiseptiques, les ˌbenzoates
ont l'avantage d'être peu toxiques et de ne pas agir
défavorablement sur le rein pendant leur élimina-
tion [1].

Ils sont en cela supérieurs aux salicylates, dont
l'acide éliminé à l'état d'acide salicylurique peut
présenter des inconvénients sérieux chez les mala-
des atteints d'affections rénales.

Les benzoates médicinaux livrés par la droguerie
sont des sels de composition inconstante; d'ailleurs
les traités classiques ne donnent aucun renseigne-
ment précis sur la méthode à employer pour en
faire l'analyse.

Il nous a donc paru intéressant de rechercher un
nouveau mode de dosage des benzoates métalliques,
susceptible de donner rapidement et exactement
la teneur en acide et en métal, et de l'appliquer à
l'examen chimique des benzoates métalliques qui
présentent le plus d'importance.

Nous avons résumé dans ce travail les principaux

[1] *Nouveaux Remèdes,* 1895, p. 2.

résultats auxquels nous ont conduit de nombreuses recherches, et nous l'avons divisé en quatre chapitres :

I. — *Historique.*
II. — *Modes généraux de préparation des benzoates. — Propriétés générales.*
III. — *Nouvelle méthode d'analyse des benzoates.*
IV. — *Étude particulière des principaux benzoates métalliques.*

———

CONTRIBUTION

A L'ÉTUDE

DES BENZOATES MÉTALLIQUES

CHAPITRE PREMIER

Historique.

L'acide benzoïque est mentionné pour la première fois par Blaise de Vigénère, qui le désigne sous le nom de « fleurs de benjoin » dans son *Traité du feu et du sel,* imprimé à Paris en 1608.

Turquet (de Mayenne) décrit un procédé de prépa-ration par sublimation, et dès 1738 Geoffroy annonce qu'on peut l'extraire du benjoin par l'eau.

Scheele, dans un mémoire présenté en 1776 à l'Académie de Stockholm, indique une méthode par la voie humide, encore utilisée de nos jours, pour extraire l'acide benzoïque du benjoin qui le contient en forte proportion.

Ce n'est pas ici le lieu de faire l'historique complet de l'acide benzoïque ; disons cependant que, malgré les modifications proposées par Lichtenstein, Pem-berton, Triller, Cartheuser, Le Mort, Lemery [1], au procédé par voie sèche ; par Spillman, le comte de

(1) Voir *Encyclopédie Panckouke,* t. I, p. 46, et Orfila, *Éléments de Chimie,* t. II, p. 445.

la Garaye, Stolze [1], au procédé par voie humide, le *modus faciendi* de Scheele persiste toujours, et il a été inscrit au Codex.

C'est à Fourcroy [2] que l'on doit la préparation de l'acide benzoïque au moyen de l'urine des herbivores.

Aujourd'hui, c'est un produit de synthèse, souvent parfumé après coup pour lui donner les caractères organoleptiques de l'acide du benjoin.

Bien qu'il soit d'un prix plus élevé, il nous semble plus rationnel d'employer pour la préparation des benzoates médicinaux, l'acide benzoïque d'origine végétale que celui de synthèse qui peut contenir des impuretés dangereuses.

M. Lafay a démontré [3] que les benzoates préparés avec l'acide de synthèse décolorent beaucoup plus rapidement le permanganate de potasse que ceux qui ont été préparés avec l'acide benzoïque du benjoin.

Le premier benzoate métallique a été obtenu par Scheele, qui avait remarqué que lorsqu'on fait bouillir du benjoin avec de l'eau et de la craie, on n'obtient point de cristaux par refroidissement, mais que si on ajoute quelques gouttes d'acide vitriolique, il se forme un précipité de fleurs de benjoin, ce qui indique que le sel de benjoin s'était, *comme un acide,* uni à la craie pendant l'ébullition.

La fonction acide des fleurs de benjoin fut nettement reconnue par Lichtenstein, et la composition centésimale fixée plus tard par Wheeler et Liebig.

Tromsdorff publia le premier travail d'ensemble sur les benzoates métalliques dans les *Annales de*

[1] Voir *Encyclopédie Panckouke.*
[2] Fourcroy, *Système des connaissances chimiques*, t. VII, p. 189.
[3] L. Lafay, *Journal de pharmacie et de chimie*, 1er mars 1896, p. 236.

Crell. Ce travail est relaté en entier dans l'*Encyclopédie méthodique de chimie, pharmacie et métallurgie,* parue chez Panckouke en 1786 et rédigée par Guyton de Morveau, Maret et Duhamel.

Tromsdorff signale les benzoates : d'antimoine, d'argent, d'arsenic, de baryte, de bismuth, de chaux, de cobalt, de cuivre, d'étain, de fer, de manganèse, de mercure, d'or, de platine, de potasse, de soude, de tungstène et de zinc.

La découverte des benzoates d'alumine et d'ammoniaque y est attribuée à Guyton de Morveau.

Ce mémoire, qui ne donne d'ailleurs aucune indication sur la composition chimique des sels étudiés, contient plusieurs erreurs qui sont quelquefois répétées dans des ouvrages plus récents.

Depuis, aucun chimiste ne nous paraît s'être occupé spécialement des benzoates métalliques, dont l'histoire se trouve à peu près au même point dans tous les ouvrages classiques.

Nous avons consulté avec fruit les traités de Gerhardt, Wurtz, Schmidt, etc.

L'acide benzoïque fait partie de la Pharmacopée française depuis 1818.

Le Codex de 1866 mentionne le benzoate de soude et celui d'ammoniaque; les benzoates de calcium et de lithium sont ajoutés à l'édition de 1884, enfin le supplément paru au mois de janvier 1895 donne une préparation du benzoate de bismuth.

CHAPITRE II

Modes généraux de préparation des benzoates. Propriétés générales.

L'acide benzoïque ($C^6H^5CO^2H$) donne des sels neutres ($C^6H^5CO^2)M'$, ($C^9H^5CO^2)^9M''$. On signale aussi des sels acides et des sels basiques.

On peut préparer les sels neutres :

1º Par l'action directe de l'acide benzoïque dissous sur un hydrate métallique ou sur un oxyde.

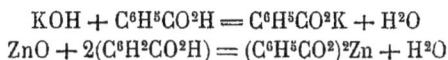

$$KOH + C^6H^5CO^2H = C^6H^5CO^2K + H^2O$$
$$ZnO + 2(C^6H^2CO^2H) = (C^6H^5CO^2)^2Zn + H^2O$$

2º Par l'action de l'acide benzoïque sur un carbonate, méthode qui réussit bien pour les benzoates alcalins et alcalino-terreux dont les carbonates sont nettement définis.

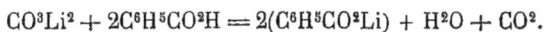

$$CO^3Li^2 + 2C^6H^5CO^2H = 2(C^6H^5CO^2Li) + H^2O + CO^2.$$

3º Par double décomposition entre un sulfate soluble et le benzoate de baryum.

$$SO^4Fe + (C^6H^5CO^2)^2Ba = (C^6H^5CO^2)^2Fe + SO^4Ba.$$

4º Nous avons constaté que l'acide benzoïque en solution aqueuse attaque le fer très divisé pour donner un benzoate ferreux (inédit).

5º Comme l'a indiqué M. le professeur Barthe [1]

[1] Communication à la Société de Pharmacie de Bordeaux, 4 juin 1896.

pour les salicylates, on peut préparer certains benzoates en traitant à sec un acétate par la quantité
théorique d'acide benzoïque pur et en chauffant le
mélange à l'étuve à 40-45°.

$$C^6H^5CO^2H + CH^3CO^2K = C^6H^5CO^2K + CH^3CO^2H.$$

L'acide acétique, volatil, se dégage complètement.

Quel que soit le mode de préparation employé, si
le benzoate à obtenir est soluble, on en concentre la
solution et on laisse cristalliser sous cloche; s'il est
insoluble, on le lave à l'eau froide pour le débarrasser des impuretés.

Les benzoates métalliques sont des sels cristallisés
pour la plupart solubles dans l'eau.

L'alcool, l'éther, en dissolvent un certain nombre;
mais ces dissolvants peuvent exercer une action
dissociante et ne dissoudre que l'acide.

J'ai observé que l'eau a une action semblable sur
quelques benzoates peu stables, et celui de bismuth
en particulier.

Les benzoates sont décomposés par la majorité des
acides minéraux et organiques.

Les benzoates des métaux lourds sont décomposés entièrement par les alcalis, avec précipitation
d'oxyde. Cette précipitation est complète, et lorsque
l'hydrate métallique libéré est insoluble dans un
excès d'alcali, on peut utiliser cette propriété pour
le dosage de l'acide.

Soumis à l'action de la chaleur, les benzoates
peuvent présenter une série de phénomènes divers
suivant la température.

Ils se déshydratent d'abord, quelques-uns fondent
ensuite; si l'on continue à chauffer, il se dégage des
produits volatils de nature variable, parmi lesquels

on signale de la benzine, du diphényle $C^{12}H^{10}$, de la diphénylcétone $CO \diagdown{}^{C^6H^5}_{C^6H^5}$ — dans le cas des benzoates alcalino-terreux — des hydrocarbures divers, de l'acide carbonique...

Analytiquement les benzoates sont caractérisés par le précipité rose chair, qu'ils donnent, à l'état de sel alcalin, dans une solution de perchlorure de fer.

L'acide que l'on peut en isoler en traitant par un acide minéral, HCl par exemple, et en reprenant par l'éther, ne précipite les solutions d'acétate de plomb ou de nitrate de mercure qu'après neutralisation par un alcali.

CHAPITRE III

Nouvelle méthode d'analyse des benzoates.

Le caractère d'acidité très net de l'acide benzoïque permet de le doser avec une liqueur titrée alcaline, en présence de la phtaléine du phénol [1].

Nous avons pris :

Acide benzoïque de synthèse 1/1000 d'équivalent, soit. 0,122

H^2O 50cc

Phtaléine en solution alcoolique au 1/30............. III gttes

Il a fallu verser exactement 10 centimètres cubes d'une solution normale décime de soude pour obtenir la coloration rose persistante.

L'acide essayé, d'ailleurs volatil sans résidu et fondant à 121°, est pur.

Plusieurs échantillons de la droguerie, traités de la même manière, ont donné les résultats suivants :

ACIDE DU BENJOIN			ACIDE DES HERBIVORES		ACIDE DE SYNTHÈSE		
I	II	III	IV	V	VI	VII	VIII
	sublimé	cristallisé					
Acide réel 95 %	98,5 %	94 %	97 %	98 %	99 %	100 %	100 %

L'échantillon III retenait de l'eau d'interposition.

L'échantillon VI offrait une forte odeur d'amandes amères et était coloré en bleu.

---

[1] Schmidt, *Pharmaceutische Chemie*, t. II, p. 863.

Analyse des benzoates alcalins.

Les benzoates alcalins s'obtiennent :

1º Par l'action de l'acide sur l'alcali ;

2º Par l'action de l'acide sur le carbonate.

Avec des éléments chimiquement purs, si la préparation n'est pas bien conduite, on pourra obtenir des produits souillés par un excès d'acide, soit par un excès de carbonate ou de base, celle-ci ne tardant pas d'ailleurs à se carbonater à l'air.

La plupart des acides minéraux jouissent de la propriété de décomposer complètement les benzoates en formant avec la base un sel neutre, et en mettant l'acide en liberté.

Si on traite donc un poids p ($0^{gr}25$ par exemple) d'un benzoate alcalin par une quantité suffisante d'acide chlorhydrique (1 centimètre cube d'acide officinal), on pourra, en évaporant à siccité, volatiliser l'acide benzoïque et l'excès d'acide chlorhydrique et obtenir le métal à l'état de chlorure. Il sera alors facile de titrer celui-ci volumétriquement par la méthode de Mohr à l'aide de l'azotate d'argent N/10. Soit n le nombre de centimètres cubes employés.

En faisant agir sur un même poids p de benzoate en dissolution dans 50 ou 60 centimètres cubes d'eau distillée n centimètres cubes d'acide sulfurique normal décime, on saturera exactement la base, et l'acide benzoïque déplacé sera facilement titré avec une liqueur N/10 de soude, en présence de la phénolphtaléine.

Le nombre n' de centimètres cubes de liqueur alcaline employés indiquera la teneur en acide.

Trois cas sont alors à considérer :

$n = n'$.... sel neutre.
$n > n'$.... sel alcalin $(n - n') = $ excès d'alcali.
$n < n'$.... sel acide $(n' - n) = $ excès d'acide.

Pour vérifier l'exactitude de la méthode dans le cas d'un sel acide ou alcalin, nous l'avons appliquée aux deux solutions suivantes :

1° *Benzoate de soude avec excès d'acide.*

On a fait une solution en prenant :

NaOH N/10....... 50^{cc}
Acide benzoïque.. 0^{gr}65 { (Un b.nzoate neutre eût exigé 0,0122 $\times$ 50 $=$ 0,61 d'acide benzoïque.)
Eau distillée..... 95 p. 100^{cc}

10 centimètres cubes de cette solution correspondant à 5 centimètres cubes de soude normale décime ont été évaporés à siccité et avec précaution dans une petite capsule avec 1 centimètre cube d'acide chlorhydrique pur.

Le résidu dissous dans l'eau a exigé en présence du chromate de potasse 5 centimètres cubes d'AzO^{3}Ag N/10. 10 centimètres cubes de la même solution ont été traités ensuite par 5 centimètres cubes d'acide sulfurique N/10, et après avoir ajouté II gouttes de phtaléine il a fallu verser 5^{cc}3 de NaOH N/10 pour obtenir le virage.

On a donc :

Acide benzoïque $= 0,0122 \times 5,3 = 0^{gr}0646$, au lieu de 0^{gr}0650.

2° *Benzoate de soude avec excès d'alcali.*

On a fait une solution avec

NaOH N/10...................... 50^{cc}
Acide benzoïque.................. $0^{gr}25$
Eau distillée..................... 95 p. 100

Le premier essai a indiqué čomme précédemment que 10 centimètres cubes de la solution contenaient la quantité de base correspondant à 5 centimètres cubes de SO⁴H² N/10.

Dans le second essai il a fallu verser, pour amener le virage en présence de la phtaléine, 2 centimètres cubes de soude normale décime.

On a donc :

$$\text{Acide benzoïque} = 0^{gr}0122 \times 2 = 0^{gr}0244,$$
au lieu de $0^{gr}0250$ mis en expérience.

Comme on le voit, dans les deux cas l'acide et la base ont été mesurés avec l'appréciation dont sont susceptibles les méthodes volumétriques.

CHAPITRE IV

Étude particulière des benzoates métalliques.

I. — BENZOATES ALCALINS

BENZOATE DE SOUDE

$$C^6H^5CO^2Na + H^2O = 162.$$

Le benzoate de soude préparé comme l'indique le Codex répond à la formule $C^6H^5CO^2Na + H^2O$.

Schmidt[1], en faisant évaporer au bain-marie une solution de ce sel, l'obtient anhydre ($C^6H^5CO^2Na$).

Il perd donc facilement une molécule d'eau, ce qui explique pourquoi, dans les produits d'industrie, qui sont probablement pour leur dessiccation soumis à des températures variables et peu réglées, la quantité d'eau n'atteint jamais la valeur d'une molécule. Il résulte naturellement de cette particularité, que le pourcentage de l'acide et de la base se trouve trop élevé, ainsi que l'indiquent les analyses suivantes :

	I	II	III	IV	Théorie pour $C^6H^5CO^2Na + H^2O$
Na.................	15,18	14,72	15,64	14,14	14,19
$C^6H^5CO^2$..........	78,65	79,25	82,28	75,41	74,69
Eau (et impuretés par différ.).	6,17	6,02	2,08	14,15	10,45
					100,00

[1] Schmidt, *Pharm. Ch.*, t. II, p. 875.

2

Les nᵒˢ I, II et III sont des produits industriels.

Le nᵒ IV a été préparé par nous d'après le procédé du Codex.

Le nᵒ III se rapproche par sa composition du sel anhydre.

Nous rappellerons que récemment M. le professeur Barthe a signalé [1] la présence du cuivre dans deux échantillons de benzoate de soude du commerce.

Le benzoate de soude est très soluble dans l'eau. 100 centimètres cubes de solution saturée à 15° en contenaient $32^{gr}50$.

D'après ce que l'on sait, il doit être neutre aux réactifs et la solution au $\frac{1}{20}$ ne doit précipiter ni par $BaCl^2$, ni par H^2S; ni décolorer le permanganate de potasse.

En ajoutant du nitrate d'argent et un égal volume d'alcool, il se produit un trouble qui disparaît pour ne laisser qu'un léger louche lorsqu'on ajoute quelques gouttes d'acide azotique.

Dans un travail récent, M. Lafay a montré [2] que dans la majeure partie des cas les benzoates de soude ont une réaction alcaline. Les benzoates qui sont préparés avec de l'acide benzoïque de synthèse décolorent le plus vite une solution de permanganate de potasse.

BENZOATE DE POTASSE

$$C^6H^5CO^2K + 3H^2O = 214.$$

Ce sel répond, d'après Wurtz [3], à la formule

[1] Association française pour l'avancement des sciences (*Congrès de Bordeaux*, août 1895).

[2] L. Lafay, *Quelques faits relatifs à la pharmacie du benzoate de soude* (*Journal de Pharm. et de Chimie*, 1ᵉʳ mars 1896, p. 236).

[3] Wurtz, *Dictionnaire de Chimie*, t. I, p. 556.

($C^6H^5CO^2K + H^2O$) et d'après Schmidt ([1]) à la formule ($C^6H^5CO^2K + 3H^2O$).

En réalité, sa composition dépend de la température à laquelle il a été porté pendant sa dessiccation.

Les benzoates de potasse du commerce présentent la composition ($C^6H^5CO^2K + 3H^2O$) et contiennent même un excès d'eau dont on peut les débarrasser, comme nous nous en sommes assuré en les maintenant à l'étuve pendant une heure à la température de 50-60°.

L'analyse d'échantillons commerciaux a donné

	I	II	III	Théorie pour $C^6H^5CO^2K+3H^2O$
K..............	15,60	16,18	15,99	17,41
$C^6H^5CO^2$.........	53,24	51,43	52,03	54,00
H^2O (et impuretés) .	31,16	32,39	31,98	28,59
				100,00

Les sels de l'industrie ont en général une réaction acide.

Le benzoate de potasse est soluble dans l'eau, mais moins que le benzoate de soude. Dans 100 centimètres cubes de solution saturée à 15° il y avait $29^{gr}73$ de ($C^6H^5CO^2K,3H^2O$).

Il est insoluble dans l'alcool et dans l'éther.

Il doit répondre comme pureté aux mêmes caractères que le benzoate de soude.

BENZOATE DE LITHINE

$$C^6H^5CO^2Li + H^2O = 146.$$

Le benzoate de lithine s'obtient facilement par la méthode du Codex, en saturant en présence de l'eau,

[1] *Loc. cit.*, p. 273.

à une température peu élevée, du carbonate de lithine par de l'acide benzoïque pulvérisé.

On évapore jusqu'à moyenne concentration et on laisse cristalliser à l'air libre.

Dans ces conditions on a d'abondantes houppes soyeuses, qui grimpent le long des parois du cristallisoir. Elles sont légèrement efflorescentes et répondent à la formule ($C^6H^5CO^2Li + H^2O$).

Séchées à l'étuve, elles perdent de l'eau, ce qui explique probablement les différences de composition du produit commercial.

Les échantillons analysés répondaient aux compositions suivantes :

	I	II	III	Théorie pour $C^6H^5CO^2Li + H^2O$
Li...............	5,69	4,11	4,02	4,79
$C^6H^5CO^2$.........	81,25	88,33	71,99	82,07
H^2O (et impuretés).	14,06	6,56	23,99	12,34

Ce sel se rencontre souvent fort impur dans la droguerie.

Pour doser le lithium à l'état de chlorure il faut avoir soin d'ajouter à la solution du benzoate la plus petite quantité possible d'acide chlorhydrique et d'évaporer au bain-marie. On sait, en effet ([1]), qu'évaporée en présence d'un excès d'acide une solution de chlorure de lithium perd du chlore sous l'influence d'une température un peu élevée.

Le benzoate de lithine est très soluble dans l'eau — 1 partie pour 3 p. 1/2, — il l'est moins dans l'alcool.

BENZOATE D'AMMONIAQUE

$C^6H^5CO^2$, $AzH^4 = 139$.

Le benzoate d'ammoniaque se prépare avec la

([1]) Willm et Hauriot, *Traité de Chimie*, t. II, p. 42.

plus grande facilité en saturant avec de l'acide benzoïque et à chaud une solution ammoniacale.

Par refroidissement on obtient des feuillets inco-
lores entièrement volatils et parfaitement neutres.
Ils répondent à la formule $C^6H^5CO^2AzH^4$.

La méthode qui nous a servi jusque-là pour l'analyse des benzoates alcalins ne peut évidemment
pas s'appliquer dans ce cas, à cause de la volatilité
du chlorure d'ammonium.

Mais on peut arriver rapidement à doser séparément l'acide et la base de la façon suivante :

1º Un poids p ($0^{gr}10$ par exemple) de benzoate
d'ammoniaque est dissous dans 20 centimètres
cubes de soude N/10 et le mélange est porté à
l'ébullition.

Il se dégage de l'ammoniaque, dont on constate
le départ complet au moyen d'une baguette de verre
imprégnée de réactif de Nessler et portée au milieu
même des vapeurs qui se dégagent.

On a alors un mélange de benzoate de soude et
d'un excès de soude libre que l'on peut titrer avec
de l'acide sulfurique N/10 en présence de la phtaléine. Soit n le nombre de centimètres cubes employés, $(20-n)$ représente la soude qui a pris la place
de l'ammoniaque et lui est équivalente.

On a donc

$$AzH^4 = (20 - n) \times 0,0018$$

Il faudra s'assurer au préalable que le sel essayé
ne contient pas d'acide libre qui saturerait alors une
partie de la soude ajoutée.

2º Au même poids p de benzoate d'ammoniaque
dissous dans 20 centimètres d'eau, on ajoute $(20-n)$
centimètres cubes d'acide sulfurique ou chlorhydrique N/10. Il se forme un sel neutre d'ammo-

niaque et l'acide benzoïque est mis en liberté. On peut alors titrer facilement l'acide en diluant la liqueur et en employant une solution de soude N/10 ; la teinture récente de roses trémières est un excellent indicateur dans ce cas particulier.

Le nombre n' de centimètres cubes de liqueur alcaline versée pour obtenir le virage au vert mesure l'acide. Si $n' = (20 - n)$, le sel est pur.

$0^{gr}10$ d'un benzoate d'ammoniaque préparé par nous, comme l'indique le Codex, ont été analysés de cette façon.

$$N = 12,8 \text{ et } (20 - n) = (20 - 12,8) = 7,2$$
$$n' = 7,2 \text{ et } n' = (20 - n) \text{ sel pur.}$$

On a en effet :

$$AzH^4 = 0^{gr}0018 \times 7,2 = 0^{gr}0129$$
$$C^6H^5CO^2 = 0^{gr}0121 \times 7,2 = 0^{gr}0871$$

Benzoate d'ammoniaque prélevé $= 0^{gr}1000$

Essai d'un benzoate d'ammoniaque du commerce.

		Théorie
AzH⁴	12,75	12,90
C⁶H⁵CO²	87,25	87,10
		100,00

Le sel examiné, qui était étiqueté « benzoate acide », répondait sensiblement à la formule du sel neutre.

Le benzoate d'ammoniaque est moins soluble dans l'alcool que dans l'eau ; 100 centimètres cubes de solution saturée en contiennent $21^{gr}20$.

Chauffé, il donne du benzonitrile $C^6H^5 - C \equiv Az$,

BENZOATES ALCALINS ACIDES

Bien que l'acide benzoïque soit monobasique, on signale deux benzoates acides, l'un de potasse et l'autre d'ammoniaque.

Le **benzoate acide de potasse** répondant à la formule ($C^6H^5CO^2K,C^6H^5CO^2H$) aurait été obtenu par Gerhardt[1] comme un produit accessoire de la préparation de l'anhydride acétique par le chlorure de benzoïle et l'acétate de potasse.

J'ai refait l'expérience en me plaçant dans les conditions de l'auteur, c'est-à-dire en employant un excès d'acétate de potasse et en traitant le résidu : 1º par l'eau froide, pour enlever le chlorure de potassium formé et l'acétate de potasse en excès ; 2º en reprenant ensuite le résidu par l'alcool bouillant et en laissant cristalliser.

On obtient un corps en lames brillantes, peu soluble dans l'eau, mieux dissous dans les lessives alcalines et l'alcool bouillant, mais qui ne répond pas à la formule assignée par Gerhardt[2].

En effet : le résidu de la réaction précédente est un mélange de KCl, $C^4H^3KO^2$, $C^6H^5CO^2K$, $C^6H^5CO^2H$.

Lorsqu'on le lave à l'eau froide, on entraîne le chlorure de potassium, l'acétate. de potasse et de l'acide benzoïque, en quantité plus ou moins grande suivant la durée du lavage.

J'ai voulu essayer d'unir directement 1 molécule de KOH à 2 molécules d'acide benzoïque en solution dans l'alcool. Les premiers cristaux obtenus étaient constitués par de l'acide pur, ensuite par du benzoate de potasse souillé d'un excès d'acide.

[1] Gerhardt, *Traité de Chimie organique*, t. III, p. 220,
[2] *Id.*, t. I, p. 712.

D'autre part, le sel délivré par les industriels sous le nom de benzoate acide de potasse n'est que du sel neutre avec excès d'acide, sans même que la proportion d'acide atteigne la valeur d'une molécule.

Si, d'ailleurs, on agite ce benzoate acide de potasse avec l'alcool, celui-ci dissout l'acide libre et laisse le sel neutre, insoluble.

Les sels ammoniacaux en solution aqueuse se dissocient à froid, et mieux à chaud, en perdant de l'ammoniaque.

Les lois de cette dissociation ont été étudiées par H.-C. Dibbits [1], qui a montré en outre que les acides diatomiques (sulfurique-oxalique) forment des sels stables.

La préparation du **benzoate acide d'ammoniaque** ($C^6H^5CO^2AzH^4$, $C^6H^5CO^2H$) serait basée sur cette propriété; on l'obtiendrait par le refroidissement d'une solution de sel neutre préalablement bouillie. Il se présente sous forme de lamelles cristallines, quelquefois associées en barbes de plume, qui ont une réaction fortement acide.

J'ai observé que le produit obtenu est loin d'avoir la composition constante indiquée plus haut; celle-ci dépend de la dilution du sel neutre et de la durée d'ébullition, pendant laquelle il distille de l'acide benzoïque et de l'ammoniaque.

En suivant le procédé indiqué ci-dessus ou en essayant de combiner directement une molécule d'acide à une molécule de sel neutre, je n'ai obtenu que des produits mal définis.

Étant donnée la monobasicité de l'acide benzoïque, il est permis de supposer que les combinaisons de cet acide avec les sels neutres seraient plutôt, si

---

[1] H.-C. Dibbits, *Zeitschr. Anal. Chem.*, t. XIII, p. 395.

toutefois elles existent, des combinaisons moléculaires que des sels proprement dits.

De plus, la grande différence de solubilité entre le
sel et l'acide fait que celui-ci se dépose dans le premier temps de la cristallisation et accompagne toujours le benzoate en petite quantité.

II. — BENZOATES ALCALINO-TERREUX

BENZOATE DE CHAUX

$$(C^6H^5CO^2)^2Ca + 3H^2O = 336.$$

Ce sel est signalé comme cristallisant avec 2 molécules d'eau (Wurtz) ou 4 molécules (Codex).

Pour déterminer exactement sa teneur en eau,
j'ai préparé le sel pur en saturant à chaud de l'acide
benzoïque en solution dans l'eau par du carbonate
de chaux pur, ajouté en léger excès.

J'ai obtenu ainsi des cristaux très blancs, groupés
en aiguilles soyeuses, de saveur douceâtre, qui,
maintenues à l'étuve à 100-110° jusqu'à poids constant, répondaient à la composition du sel anhydre
$(C^6H^5CO^2)^2Ca$.

Deux échantillons portés de nouveau à l'étuve à
100-110° jusqu'à poids constant ont donné les résultats suivants :

	1re expérience	2e expérience	Théorie pour $(C^6H^5CO^2)^2Ca,3H^2O$
Poids de substance....	0gr50	1gr00	
H^2O évaporée........	0gr082	0gr165	
H^2O %.............	16,4	16,5	16,1

Le benzoate de chaux contient donc 3 molécules d'eau.

Dans les échantillons commerciaux que j'ai examinés, j'ai dosé la chaux successivement à l'état d'oxalate et de chlorure par AzO^3Ag N/10. Les résultats sont concordants. 1 centimètre cube de liqueur d'argent N/10 correspond à $0^{gr}0020$ de Ca.

	I	II	III	Théorie pour $(C^5H^5CO^2)^2Ca,3H^2O$
Ca...............	10,80	12,00	11,35	11,90
$C^6H^5CO^2$..........	65,34	73,81	72,25	72,00
H^2O (et impuretés).	23,86	14,19	16,40	16,10
				100,00

L'échantillon III a été préparé par moi et m'a servi à déterminer la quantité d'eau contenue dans la molécule.

Solubilité dans l'eau. — 1° Un excès du sel a été mis en contact avec de l'eau distillée pendant deux heures et à la température de 15°. On a agité souvent le mélange.

Dans 10 centimètres cubes de cette solution, la chaux a été dosée à l'état d'oxalate par le permanganate de potasse N/10, dont 1 centimètre cube correspond à $0^{gr}0168$ de benzoate de chaux. Il en a fallu 16 centimètres cubes.

D'où :

Solubilité p. $100 = 16 \times 0,0168 = 10 \times 2,688$.

Par évaporation à 100-110°, 10 centimètres cubes de cette même solution ont laissé un résidu de $0^{gr}265$ de sel anhydre, ce qui donne 2,650 p. 100.

2° Pour doser à l'état d'oxalate la chaux contenue dans 10 centimètres cubes de la solution saturée à 100° de benzoate de chaux, il a fallu employer 32 centimètres cubes de MnO^4K N/10,

D'où :

$$\text{Solubilité p. } 100 = 32 \times 0,0168 = 10 \times 5,376.$$

Le Codex indique pour la température de 15° une solubilité de 1 p. 20, ce qui fait 5 p. 100. Ce chiffre est évidemment erroné ; il correspond à la solubilité à 100° du benzoate de chaux dans l'eau.

BENZOATE DE BARYTE

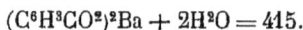

$$(C^6H^3CO^2)^2Ba + 2H^2O = 415.$$

Le **benzoate de baryte**, sans importance au point de vue thérapeutique, se prépare facilement par l'action de l'acide sur le carbonate de baryte pur.

Il cristallise sous forme de petites paillettes ou d'aiguilles transparentes, perdant leur eau de cristallisation vers 100-110° et devenant alors opaques.

Dans des échantillons commerciaux, le dosage de l'acide et du métal a donné :

	I	II	III	Théorie pour $(C^6H^5CO^2)^2Ba, 2H^2O$
Ba..............	33,56	31,19	32,54	33,01
$C^6H^5CO^2$.........	59,09	56,77	57,88	58.31
H^2O (pas de H)..,.	7,35	12,04	9,58	8,68
				100,00

L'échantillon n° III a été préparé par moi.

Le **benzoate de strontiane** $(C^6H^5CO^2)^2Str,2H^2O$, s'obtient comme le précédent ; il cristallise en aiguilles transparentes qui perdent leur eau à 100-110°.

Ces deux benzoates sont solubles dans l'eau et légèrement solubles dans l'alcool.

BENZOATE DE MAGNÉSIE

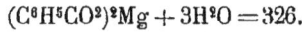

$$(C^6H^5CO^2)^2Mg + 3H^2O = 326.$$

Le benzoate de magnésie se prépare aisément par l'action, à une douce chaleur, de l'acide benzoïque sur le carbonate de magnésie hydraté.

La solution concentrée, et soumise à l'évaporation spontanée, donne des cristaux très blancs, groupés en aiguilles, répondant à la formule ci-dessus.

Dans les échantillons que je me suis procurés, j'ai dosé la magnésie à l'état de pyrophosphate, et l'acide avec une solution de soude titrée, après avoir ajouté au sel la quantité théorique de $SO^4H^2\,N/10$ pour saturer la magnésie.

	I	II	III	Théorie pour $(C^2H^5CO^2)^2Mg, 3H^2O$
Mg	7,54	7,10	7,32	7,37
$C^6H^5CO^2$	76,23	73,40	73,53	74,23
H^2O (et impuretés).	16,23	19,5	19,15	18,41
				100,00

Ces sels étaient neutres aux réactifs. L'analyse qualitative n'y a décelé comme impuretés que des traces d'acide sulfurique, de soude et de chaux.

Ce sont donc des produits bien définis qui méritent de prendre place dans l'arsenal thérapeutique.

Solubilité dans l'eau. — Le benzoate de magnésie est soluble dans l'eau.

10 centimètres cubes de solution saturée à 15° ont donné : $P^2O^7Mg^2 = 0^{gr}330$, et comme 1 de pyrophosphate correspond à 8,2186 de Mg, et 7,36 de Mg à 100 grammes de benzoate de magnésie, on a :

$$\text{Solubilité p. } 100 = 10 \left(\frac{100 \times 0,330 \times 0,2186}{7,36} \right) = 9,24.$$

Cette solubilité est environ 10 fois plus forte que celle du salicylate.

Action de la chaleur. — J'ai observé que, chauffé à 100-110°, le benzoate de magnésie perd son eau de cristallisation. Si on continue l'action de la chaleur, avec précaution, vers 230-240°, le sel fond en un liquide jaune clair très transparent, qui se prend par le refroidissement en une masse cornée, assez difficilement soluble dans l'eau.

III. — BENZOATES MÉTALLIQUES PROPREMENT DITS — ANALYSE

La méthode de dosage exposée page 14, qui s'applique aux benzoates alcalins et alcalino-terreux, cesse d'être applicable lorsque l'on s'adresse aux benzoates des métaux proprement dits.

On pourrait, il est vrai, ramener la question au cas général en traitant le sel par du carbonate de soude pour obtenir un benzoate alcalin, mais cette opération est relativement longue, et il nous a paru préférable d'utiliser la propriété qu'ont les lessives alcalines de précipiter complètement l'oxyde des benzoates métalliques.

Un poids p ($0^{gr}50$ par exemple) du sel à analyser est traité à chaud, dans un becher-glass, par 20 centimètres cubes de NaOH N/10. Il se fait un précipité d'oxyde que l'ébullition rend plus dense, le rassemblant au fond du vase. On filtre, on lave avec quelques centimètres cubes d'eau distillée et on détermine l'excès d'alcali au moyen d'un acide N/10, en présence de la phtaléine.

Soit n le nombre de centimètres cubes d'acide employés, $(20 - n)$ représente la soude qui a saturé l'acide benzoïque contenu dans $0^{gr}50$ du sel, et on a p. 100 :

$$\text{Acide benzoïque} = (20 - n) \times 0,0122 \times 2.$$

Cette méthode, il est vrai, n'est applicable que dans le cas où l'hydrate précipité est insoluble dans un excès de lessive alcaline ; c'est ce qui a lieu en particulier avec les benzoates de fer, de bismuth, de mercure, qui sont employés en médecine et dont l'analyse doit pouvoir être faite rapidement ;

Lorsque le procédé est en défaut — benzoates de plomb, de zinc, d'alumine — on décompose par le carbonate de soude ou d'ammoniaque.

Le métal se dose rapidement dans la majorité des cas par pesée, à l'état d'oxyde, après calcination.

BENZOATES DE ZINC, DE CADMIUM

On peut les préparer par double décomposition entre deux solutions de sulfate de zinc ou de cadmium et de benzoate de baryte.

Le **benzoate de zinc** $(C^6H^5CO^2)^2Zn$, se présente sous forme de cristaux en aiguilles allongées. Lorsqu'ils sont secs, ils prennent l'aspect soyeux.

Le benzoate de zinc est soluble dans l'eau et dans l'alcool. Ce dernier véhicule l'abandonne en cristaux prismatiques courts.

Il présente la particularité d'être moins soluble à chaud qu'à froid dans l'eau distillée.

Le **benzoate de cadmium** $[(C^6H^5CO^2)^2Cd,2H^2O$ cristallise très bien en courtes aiguilles groupées et enchevêtrées.

Il est soluble dans l'eau et dans l'alcool.

BENZOATE D'ALUMINE

$$AL^2 \begin{cases} (OH)^3 \\ (C^6H^5CO^2)^3 \end{cases} = 468.$$

Guyton de Morveau en parle le premier [1], et dit l'avoir obtenu par l'union de l'alumine très divisée, telle qu'on l'obtient en précipitant ses sels par les alcalis, avec l'acide benzoïque.

Et il ajoute : « J'ai observé : 1o que ce sel cristallisait par évaporation spontanée en petites aiguilles qui imitent les dendrites ou les arborisations ; 2o qu'il est très dissoluble dans l'eau et d'une saveur amère, acerbe ; 3o qu'il est très déliquescent, etc... »

Depuis, les auteurs Wurtz [2], Schmidt [3] le décrivent comme un produit soluble dans l'eau. Il y est cependant insoluble, et M. Quillart [4] lui a reconnu cette propriété.

Pour le préparer, M. Quillart indique le procédé suivant : « On fait dissoudre séparément dans l'eau distillée un poids quelconque de sulfate d'alumine et 3 fois autant de benzoate de soude, puis on mélange les deux solutions, et on agite le tout.

» Il se produit un beau précipité blanc que l'on tare pour enlever tout le sulfate de soude formé, et les sels étrangers qu'il pourrait encore renfermer. On sèche le tout à une douce chaleur et à l'air libre. »

Le produit ainsi obtenu est très acide, et l'auteur indique qu'après avoir été lavé à l'éther auquel il a cédé 30 0/0 de son poids d'acide benzoïque, il cons-

[1] Guyton de Morveau, *Encyclopédie Panckouke*, t. I, p. 46.
[2] Wurtz, *Dict. de Chimie*, t. I, p. 156.
[3] Schmidt, *loc. cit.*
[4] Quillart, *Journal de Pharm. et de Chimie*, série VII, p. 36.

titue le sel neutre. Il est alors insoluble dans l'eau,
l'éther, l'alcool, et contient environ les $\frac{1}{8}$ OC de son
poids d'acide benzoïque. Si on met la réaction en
équation, on a :

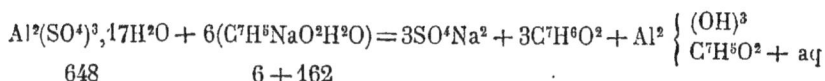

$$Al^2(SO^4)^3,17H^2O + 6(C^7H^5NaO^2H^2O) = 3SO^4Na^2 + 3C^7H^6O^2 + Al^2 \begin{cases} (OH)^3 \\ C^7H^5O^2 \end{cases} + aq$$

$$648 \qquad\qquad 6 + 162$$

Or, les nombres fixés par M. Quillart — 1 p. de
sulfate d'alumine, pour 3 de benzoate de soude —
supposent l'emploi du sulfate d'alumine anhydre;
celui du commerce cristallise avec 17 molécules
d'eau, et les proportions de l'auteur sont inexactes.

Les eaux de lavage sont très acides, le sel théorique $Al^2(C^6H^5CO^2)^6$ s'étant dissocié en sel neutre et
en acide benzoïque.

Si l'on fait agir à chaud l'acide benzoïque en
solution aqueuse sur l'alumine hydratée récemment
précipitée, celle-ci se combine et se rassemble au
fond du vase où se fait la réaction à l'état de
benzoate d'alumine. Mais l'alumine *ne se dissout*
pas dans la solution d'acide benzoïque, comme on
l'a prétendu ([1]).

Si on a employé de l'alumine bien lavée, on a un
sel qui contient constamment 11,32 p. 100 d'alumine
et 77,56 p. 100 d'acide benzoïque, et que l'on n'a pas
besoin de soumettre à des lavages répétés comme
lorsque l'on opère par double décomposition.

Pour faire l'analyse de ce sel, j'ai profité de ce
qu'il est complètement décomposé à l'ébullition par
le carbonate d'ammoniaque, en donnant de l'alumine hydratée insoluble dans ce réactif, et du
benzoate d'ammoniaque; on sépare l'alumine par
filtration, on la calcine et on la pèse; l'acide se dose

([1]) Guyton de Morveau, *loc. cit.* — Wurtz, *ibid.*

dans le sel ammoniacal, comme je l'ai indiqué précédemment (page 21).

Dans ces conditions, deux échantillons du commerce m'ont fourni les résultats suivants à l'analyse :

	I	II	III	Théorie pour $(C^6H^5CO^2)^3Al^2,(OH)^3$
Al............	7,50	12,70	11,40	11,32
$C^6H^5CO^2$.........	85,70	80,35	77,85	77,50

L'échantillon n° III a été préparé par moi comme je l'ai indiqué plus haut.

J'ai eu l'occasion d'examiner un benzoate d'alumine provenant d'une maison de produits chimiques, honorablement connue, et où l'analyse *ne décelait pas d'alumine.*

Ce sel se présentait sous l'aspect de paillettes blanches, nacrées, mélangées de cristaux plus gros, efflorescents; il était soluble dans l'eau, à laquelle il communiquait une réaction très acide.

Dans la solution, le chlorure de baryum donnait un précipité abondant de sulfate de baryte, insoluble dans HCl.

La composition de ce benzoate d'alumine était la suivante :

Pour 100 parties.

Acide benzoïque libre (dosage acidimétrique)...	42,45
Sulfate de soude (SO^4H^2 dosé à l'état de SO^4Ba).	56,60
Potasse.....................................	traces
Pertes.....................................	0,95
	100,00

BENZOATES DE FER

Il existe un benzoate ferreux et un benzoate ferrique; de plus, les auteurs signalent un sel basique.

3

Benzoate ferreux. Wurtz ([1]) décrit le benzoate ferreux comme un sel cristallisé en petits prismes très solubles dans l'eau et l'alcool, qui s'effleurissent à l'air en se colorant. Il n'en indique pas la préparation.

Pour le préparer, on ne peut songer, étant donnée la grande facilité d'oxydation de l'hydrate ferreux au contact de l'air, à faire réagir l'acide benzoïque sur cet hydrate.

J'ai constaté qu'une solution aqueuse d'acide benzoïque attaque le fer très divisé (limaille de fer porphyrisée), et donne une solution qui présente les caractères des sels ferreux et de l'acide benzoïque qui en est abondamment précipité par un acide minéral.

Mais lorsqu'on cherche à évaporer cette solution pour la faire cristalliser, elle s'oxyde avec une très grande rapidité et l'on n'obtient que de petits cristaux groupés en mamelons et souillés d'un produit brun, qui est vraisemblablement de l'oxyde de fer.

On peut obtenir le benzoate ferreux en décomposant à l'abri de l'air, dans une atmosphère d'acide carbonique par exemple, une solution neutre et titrée de sulfate ferreux, par une quantité de benzoate de baryte dissous indiquée par l'équation :

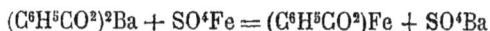

$$(C^6H^5CO^2)^2Ba + SO^4Fe = (C^6H^5CO^2)Fe + SO^4Ba$$

En concentrant la solution et en laissant cristalliser dans l'acide carbonique, on obtient des cristaux solubles dans l'alcool et l'éther, mais qu'il est difficile de conserver, car ils s'altèrent très rapidement à l'air.

Benzoate ferrique. $Fe^2 \begin{cases} (OH)^3 \\ (C^6H^5CO^2)^3 \end{cases}$. Si l'on fait agir

([1]) Wurtz, *Dict. de Chimie,* t. I, p. 546.

de l'hydrate ferrique récemment précipité sur une solution aqueuse d'acide benzoïque, contrairement au fait cité dans Wurtz ([1]), *l'hydrate ne se dissout pas*. On voit cependant la couleur changer, et il se rassemble en une poudre dense rouge brun, qui, séparée par filtration du liquide surnageant, constitue du benzoate ferrique anhydre, et répond à la formule ci-dessus.

Du benzoate ferrique ainsi préparé par moi m'a donné à l'analyse les résultats suivants :

Dosage du fer : 1 gramme de Fe^2O^3 contient 0,70 de Fe.

	1re expérience	2e expérience	Théorie
Substance...........	1gr	0gr60	»
Oxyde de fer Fe^2O^3...	02,97	01,78	»
Fe p. 100............	20,79	20,72	21,29

Dosage de l'acide benzoïque : 50 centigrammes traités par la soude N/10 ont exigé 2cc8 de cet alcali.

D'où $(C^6H^5CO^2)$ p. $100 = 2,8 \times 0,0121 \times 2 = 69,66$. Théorie : 69,00.

Si on précipite une solution neutre de perchlorure de fer par du benzoate de soude, on obtient un précipité rose chair qui sert en analyse à caractériser l'acide benzoïque. C'est le sel qui est livré par le commerce sous le nom de benzoate ferrique, et qui représente, non un sel basique, comme le disent certains auteurs, mais le sel précédent hydraté ([2]).

D'après les analyses des différents échantillons du commerce, il s'ensuit que sa composition n'est pás constante.

([1]) Wurtz, *loc. cit.*
([2]) Frésenius, *Traité d'Analyse qualitative,* 6me édition, p. 268.

Il se forme, en effet, d'après la réaction :

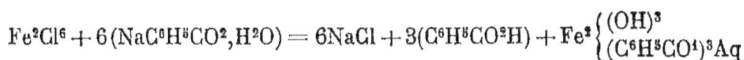

$$Fe^2Cl^6 + 6(NaC^6H^5CO^2,H^2O) = 6NaCl + 3(C^6H^5CO^2H) + Fe^2 \begin{cases} (OH)^3 \\ (C^6H^5CO^4)^3Aq \end{cases}$$

et on voit qu'il est accompagné d'acide libre et de chlorure de sodium.

L'acide benzoïque, étant bien moins soluble dans l'eau que le sodium, reste sur le filtre.

D'un autre côté, si on prolonge le lavage, le sel se dissocie sous l'influence de l'eau, change de couleur et s'enrichit en oxyde de fer.

Schmidt[1] indique pour le préparer le procédé suivant : On neutralise 10 parties d'acide benzoïque avec de l'ammoniaque (environ 14 parties à 10 p. 100 d'AzH³). On ajoute au mélange 20 fois son poids d'eau et on additionne le tout, en agitant, de 15 p. 3 au moins de Fe^2Cl^6 neutre de densité $d = 1,280$ à 1,282, dissous dans 500 parties d'eau. Le précipité volumineux qui se forme est lavé par décantation et desséché à la température ordinaire.

D'après Wurtz[2], en précipitant le chlorure ferri-que par un benzoate additionné d'alcali, on obtient un sel basique insoluble contenant 17,5 p. 100 de fer.

En opérant ainsi, on peut obtenir des produits dont la richesse en fer varie avec la quantité d'alcali ajouté, et l'on n'a point un sel basique défini, mais un sel hydraté, mélangé à une proportion plus ou moins grande d'hydrate ferrique.

Il n'y a, d'ailleurs, d'hydrate ferrique libre que lorsque la dose d'alcali a surpassé la quantité nécessaire pour saturer l'acide rendu libre dans la réaction.

Propriétés. — Le benzoate ferrique anhydre est

[1] Schmidt, *loc. cit.*, p. 273.
[2] Wurtz, *Dict. de Chimie*, t. I, p. 546.

insoluble dans l'eau. Il est décomposé par les acides et par les bases.

Il se dissout dans l'alcool méthylique — d'où l'eau le précipite à l'état de sel hydraté rose chair — dans l'alcool éthylique, dans l'éther, le chloroforme, le sulfure de carbone.

Ces dissolvants l'abandonnent par évaporation spontanée en petits cristaux microscopiques.

Il est insoluble dans la glycérine et dans la benzine.

Les huiles le dissolvent, et, à çe titre, il est employé en Allemagne à la préparation d'huile de foie de morue ferrée. Sa solubilité dans ces véhicules est même assez considérable.

Je l'ai déterminée pour l'huile d'amandes douces pure de la façon suivante :

Le mélange suivant :

50 grammes huile d'amandes,
1 gramme benzoate ferrique anhydre,

a été placé dans un ballon et porté au bain-marie, pendant deux heures, à une température qui a oscillé entre 85 et 87°.

Au bout de ce temps, le soluté a été jeté sur un filtre, placé dans un entonnoir à filtrations chaudes, et le résidu recueilli a été lavé par la benzine, qui dissout l'huile sans s'attaquer au sel ferrique.

Le résidu séché et pesé représentait $0^{gr}322$. Il s'était donc dissous $(1 — 0,322) = 0^{gr}678$, ce qui fait p. 100 une solubilité de $1^{gr}356$.

Le benzoate ferrique anhydre, chauffé à l'ébullition avec une solution de glucose, est en partie réduit à l'état de sel ferreux.

La limaille de fer donne aussi, dans les mêmes conditions, une petite quantité de benzoate ferreux,

BENZOATE DE CUIVRE

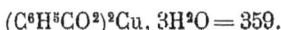

$$(C^6H^5CO^2)^2Cu, 3H^2O = 359.$$

S'obtient par l'action du benzoate de soude sur le sulfate de cuivre à l'ébullition.

Il a une couleur vert bleuâtre à l'état humide, qui dvient franchement verte lorsqu'il est sec.

Ce sel a été récemment étudié par M. le professeur Barthe[1], qui lui a reconnu la formule $(C^6H^5CO^2)^2Cu, 3H^2O$.

On peut aussi le préparer en chauffant de l'hydrate de cuivre humide à l'ébullition avec une solution concentrée d'acide benzoïque.

Par refroidissement, on a un mélange d'acide benzoïque et de benzoate de cuivre, que l'on lave à l'alcool et que l'on sèche.

F. Sestini, qui a préparé le benzoate de cuivre par double décomposition entre le sulfate de cuivre et le benzoate de baryte, lui assigne la formule $(C^6H^3CO^2)^2Cu, 2H^2O$.

Le benzoate de cuivre se dissout dans l'acide acétique; la solution abandonne de petites aiguilles vertes qui paraissent répondre à de l'acéto-benzoate de cuivre $Cu \Big\langle {C^6H^3CO^2 \atop CH^3CO^2}$.

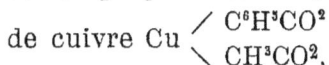

M. Barthe, qui y a dosé le cuivre, a obtenu les résultats suivants :

	I	II	Théorie pour $C^9H^8O^4, Cu$
Substance............	0gr556	0gr563	
CaO trouvé..........	0,182	0,184	
Cu p. 100............	26,10	26,14	26,08

[1] *Bulletin de la Société de Pharmacie de Bordeaux*, juillet 1894.

Le benzoate de cuivre $(C^6H^5CO^2)^2Cu,3H^2O$ est légè-rement soluble dans l'eau, qui ne le dissocie pas, même à l'ébullition; il est insoluble dans l'alcool et dans l'oxyde d'éthyle; l'éther acétique le dissout abondamment.

Il est soluble dans l'huile d'amandes douces.

BENZOATE DE BISMUTH

Le bismuth, métal triatomique, possédant la pro-priété de s'unir à l'oxygène pour donner un radical monovalent, le bismuthyle $(BiO)'$, peut former deux sortes de sels.

On a donc, avec l'acide benzoïque en particulier :

1° Un benzoate neutre de bismuth $(C^6H^5CO^2)^3Bi$;

2° Un benzoate basique ou benzoate de bismuthyle $(C^6H^5CO^2)BiO$.

Le supplément du Codex (janvier 1895) fait men-tion du dernier de ces sels et donne un procédé pour le préparer.

Ce médicament, inscrit au formulaire officiel, de-vrait être l'objet d'une fabrication soigneuse; mais il en est autrement.

Et cependant on paraît vouloir le substituer au salicylate de bismuth, composé mal défini [1] et très dissociable.

Si on examine les benzoates de bismuth livrés par le commerce, on s'aperçoit tout d'abord, en en fai-sant l'essai qualitatif, qu'ils contiennent des propor-tions notables d'acide azotique. De plus, la propor-tion d'acide benzoïque varie dans des limites consi-dérables.

[1] Thabuis, *Recherches sur les salicylates de bismuth (Moniteur de Quesneville,* janvier 1895, p. 16).

Pour essayer les échantillons de benzoate de bismuth, j'ai suivi la méthode indiquée précédemment page 29), en ayant soin de déterminer au préalable la teneur en AzO^3H, par la méthode de Schlœsing. L'acide azotique sature, en effet, une partie de la soude employée à la décomposition du benzoate, et on doit en tenir compte dans l'appréciation de l'acide benzoïque.

Le bismuth a été dosé par pesée à l'état d'oxyde, en observant que 1 gramme de Bi^2O^3 correspond à 0,896 de Bi.

Il suffit pour cela de décomposer un poids connu de sel par la chaleur au rouge sombre, en chauffant par exemple au-dessus d'une toile métallique, pour éviter la facile réduction de l'oxyde de bismuth par le charbon non brûlé.

Dans ces conditions, 5 échantillons, pris dans différentes maisons de droguerie, présentaient les compositions suivantes :

	I	II	III	IV	V	Théorie pour	
						$(C^6H^5CO^2)BiO$	$(C^6H^5CO^2)^3Bi$
Bi	36,82	42,73	24,99	31,01	50,62	60,25	36,37
$C^6H^3CO^2$...	62,72	45,98	48,40	55,66	29,04	35,12	62,63
AzO^3H.....	traces	2,16	4,95	traces	3,26	»	»

On voit, d'après ces résultats, qu'à part l'échantillon n° 1, qui répond sensiblement à la formule d'un benzoate neutre, tous les autres ont les compositions les plus variées.

Une telle irrégularité provient vraisemblablement du mode de préparation.

Procédé Vigier. — On fait une solution de nitrate de bismuth, dans la glycérine étendue, qui a pour but d'empêcher la dissociation du sel de bismuth par l'eau. On ajoute une solution de benzoate de soude; il se forme un précipité de benzoate neutre de bismuth.

D'après la formule suivante, la réaction est complète entre 583^{gr}5 d'azotate de bismuth et 486 grammes de benzoate de soude.

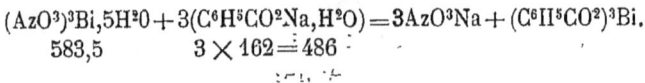

$$(AzO^3)^3Bi,5H^2O + 3(C^6H^5CO^2Na,H^2O) = 3AzO^3Na + (C^6H^5CO^2)^3Bi.$$
$$583,5 \qquad 3 \times 162 = 486$$

L'auteur recommande de laver le précipité à l'eau chaude pour obtenir le *sel basique*.

Ce procédé semble avoir été suivi jusque-là, si l'on en juge par l'analyse des benzoates de bismuth livrés par la droguerie.

En effet, aucune réaction n'indique le moment où doit cesser le lavage, le sel se dissocie et l'on obtient un composé mal défini.

Les formulaires disent encore qu'on peut obtenir le benzoate de bismuth en précipitant une solution de sous-acétate de bismuth par le benzoate de soude.

Aux inconvénients de la méthode précédente se joint l'incertitude de la composition du sous-acétate de bismuth.

Procédé du Codex. — Le supplément du Codex indique de prendre :

> Acide benzoïque......................... 100 grammes.
> Oxyde de bismuth...................... q. s.

(correspondant environ à 175 grammes d'oxyde anhydre), et d'opérer comme pour le salicylate de bismuth ([1]).

« Placez dans une capsule l'*acide benzoïque* délayé dans *1* litre d'eau distillée et ajoutez l'oxyde de bis-

---

([1]) *Supplément du Codex* (janvier 1895), p. 57.

muth. Chauffez en remuant sans aller jusqu'à
l'ébullition. Employez un excès d'*acide benzoïque*, de
manière à conserver finalement la liqueur acide.
Laissez refroidir. Recueillez le précipité sur une
toile et lavez à froid à plusieurs eaux, sans prolon-
ger le contact, de façon à éviter la décomposition
du produit. Desséchez ensuite le *benzoate basique*
à une température ne dépassant pas 80°. »

Ce procédé ne nous semble pas à l'abri de toute
critique.

1° 100 grammes d'acide benzoïque exigeraient
pour se dissoudre 2,000 grammes d'eau à 100°. Or, il
faut opérer avec 1 litre d'eau et au-dessous de 100°.
Dans ces conditions, une grande partie de l'acide,
qui d'ailleurs est difficilement mouillé par l'eau,
reste non dissous et ne se combine pas à l'oxyde de
bismuth.

On le retrouve ultérieurement mêlé à la poudre
sous forme de paillettes nacrées.

2° Il n'existe pas de caractère permettant d'affir-
mer que l'on a mis un excès d'acide benzoïque,
puisque le sel formé est dissocié par l'eau et donne,
toujours en suspension dans ce liquide, la réaction
acide au papier bleu de tournesol.

Mais, si on se conforme aux quantités indiquées
par le Codex, la recommandation devient inutile,
car 175 grammes d'oxyde anhydre Bi^2O^3, correspon-
dent à $175 \times 0,896 = 156,80$ de bismuth, qui, d'après
la formule $(C^6H^5CO^2)BiO$ $(Bi = 207,5)$ exigent :

$$\frac{122 \times 156,80}{207,5} = 92^{gr}1 \text{ d'acide benzoïque.}$$

100 grammes sont donc plus que suffisants pour
opérer la saturation.

3° Il faut laver le sel précipité à l'eau, qui, *même*

froide, le dissocie et contribue ainsi à en faire varier la composition.

Il serait plus avantageux d'opérer de la façon suivante, en modifiant légèrement le procédé du Codex :

De l'oxyde de bismuth, *soigneusement lavé,* est essoré de façon à le débarrasser de l'excès d'eau qu'il contient et à lui conserver une consistance pâteuse.

On détermine par un essai, d'ailleurs très rapide, sa teneur en oxyde anhydre Bi^2O^3, et on le mélange alors intimement avec la quantité d'acide benzoïque pur indiquée par la théorie, après l'avoir préalablement très finement pulvérisé. La masse est délayée dans une petite quantité d'eau pour la rendre légèrement fluide, et le tout est laissé en contact vingt-quatre heures. Au bout de ce temps, on recueille sur un linge, on essore et on dessèche à la température ordinaire.

En opérant ainsi, nous avons obtenu un benzoate de bismuth qui contenait p. 100 :

		Théorie
Bi...................	60,39	60,23
$C^6H^5CO^2$.............	35,69	35,12

En employant le procédé du Codex, et en faisant varier la température, le temps de lavage ainsi que la quantité d'eau employée, nous avons obtenu successivement :

Bi..........	57,34	51,96	60,92	55,47
$C^6H^5CO^2$......	36,90	39,32	32,67	37,41

Lorsqu'on précipite un sel de bismuth par un alcali, l'ammoniaque en particulier, on obtient un hydrate de bismuth auquel les auteurs assignent la formule BiO^3H^3, et qui, séché à 100°, devient BiO^2H.

Ce corps traité à l'ébullition par une solution de

potasse ou de soude se déshydrate et donne du ses-
quioxyde de bismuth Bi^2O^3 :

$$2BiO^2H = H^2O + Bi^2O^3.$$

C'est une poudre jaune citrin, soluble dans les
acides et se combinant à l'acide benzoïque pour
donner un benzoate répondant à la formule

$$(C^6H^5CO^2)BiO.$$

Cette forme particulière du benzoate de bismuthyle est constituée par une poudre jaune pâle qui
jouit des propriétés générales des benzoates de bismuth.

Propriétés. — Les benzoates de bismuth sont des
sels très peu stables.

Ils sont dissociés par l'eau, l'alcool, l'éther, la
benzine, le chloroforme, qui leur enlèvent de l'acide
benzoïque.

La dissociation par l'eau croît avec la température, mais n'atteint jamais la valeur de la solubilité
de l'acide benzoïque dans l'eau,

Elle augmente lentement avec la dilution, la durée
de contact et l'agitation.

En laissant en contact $0^{gr}50$ de benzoate neutre de
bismuth avec des volumes croissants d'eau distillée
à 15° et en mesurant l'acidité de l'eau, au bout du
même temps (1 heure de contact), par le nombre de
centimètres cubes de NaOH N/10 nécessaires pour
saturer le liquide, on a les résultats suivants :

Volume de liquide.	NaOH N/10 employée.
50 centimètres cubes.	$1^{cc}2$
70 —	$1^{cc}2$
90 —	$1^{cc}4$
110 —	$1^{cc}4$
130 —	$1^{cc}5$

Avec le benzoate de bismuthyle, on a dans les mêmes conditions (substance $0^{gr}50$; temps de contact une heure).

Volume de liquide.	NaOH N/10 employée.
50 centimètres cubes.	$0^{cc}8$
70 —	$0^{cc}9$
90 —	$1^{cc}1$
110 —	$1^{cc}1$
130 —	$1^{cc}3$

En lavant pendant longtemps du benzoate de bismuth avec de l'eau, on parvient à obtenir de l'oxyde de bismuth.

Le résultat est plus vite atteint si on substitue l'alcool ou l'éther à l'eau.

$0^{gr}50$ de benzoate neutre de bismuth traités au bain-marie, et au réfrigérant ascendant par 100 centimètres cubes d'alcool bouillant employés en deux fois, ont cédé après un quart d'heure environ tout leur acide à ce dissolvant.

Enfin, comme cela a été démontré dans le cas des salicylates [1], la dissociation augmente en présence du sucre. Tandis que $0^{gr}50$ de benzoate basique de bismuth triturés avec 100 centimètres cubes de H^2O distillée froide ont cédé à ce dissolvant la quantité d'acide benzoïque correspondant à $1^{cc}1$ de NaOH N/10, soit ($0^{gr}013$) en présence de 10 gramḿes de sucre, il a fallu 2 centimètres cubes de NaOII N/10 (soit $0^{gr}024$) pour saturer l'acide dissous.

[1] Thabuis, *loc. cit.*

BENZOATE DE PLOMB

$$(C^6H^bCO^2)^2Pb,H^2O = 466.$$

Il se présente sous forme de paillettes cristallines que l'on obtient en décomposant un sel neutre de plomb, l'azotate par exemple, par le benzoate de soude.

Il se produit un précipité soluble dans l'eau bouillante d'où il cristallise par refroidissement. Si on traite le sous-acétate de plomb par un benzoate alcalin, ou si on laisse macérer le sel neutre avec AzH^3, on obtient un sel basique. Maintenu en contact un certain temps avec de l'acide acétique, il donne un mélange d'acétate de plomb et d'un benzoate basique.

BENZOATE D'ARGENT

$$C^6H^bCO^2,Ag = 229.$$

Lorsqu'on met en présence une solution neutre de nitrate d'argent avec une solution de benzoate de soude, on obtient un précipité blanc, cailleboté, soluble dans l'eau bouillante. Lorsque le liquide est refroidi, on a des paillettes brillantes, à reflet argenté, de benzoate d'argent. Ce sel est peu soluble dans l'eau froide, il est légèrement soluble dans l'alcool.

Il se dissout dans l'ammoniaque étendue, l'hyposulfite de soude, les cyanures alcalins et l'acide azotique.

Au contact de la lumière il noircit.

BENZOATE DE MERCURE

Les combinaisons du mercure avec l'acide benzoïque sont au nombre de deux :

Benzoate mercureux............	$(C^6H^5CO^2)^2Hg^2$
Benzoate mercurique..........	$(C^6H^5CO^2)^2Hg$

Les auteurs ([1]) signalent des sels basiques dont l'existence ne nous paraît pas démontrée.

Benzoate mercureux. — Pour l'obtenir, on traite du nitrate mercureux en solution dans l'eau froide et légèrement acidulée par AzO^3H, par la quantité théorique de benzoate de soude. On obtient un précipité blanc qu'il faut laver pour le priver de l'azotate de soude qu'il contient.

Ce sel, au contact de l'eau et de la lumière, jaunit. L'eau bouillante le dissocie, ainsi que l'alcool, l'éther, qui agissent d'ailleurs lentement.

C'est une poudre cristalline renfermant 62,30 p. 100 de mercure, insoluble dans l'eau et les dissolvants habituels.

Traité par un alcali, ce sel donne à froid un précipité noir de sous-oxyde de mercure.

Le benzoate mercureux ne présente pas d'intérêt pharmaceutique.

Benzoate mercurique $(C^6H^5CO^2)^2Hg$. L'étude du benzoate mercurique a été reprise, il y a peu de temps, par E. Lieventhal([2]) qui, sous le nom d'oxybenzoate de mercure *(hydrargyrum benzoïcum oxydatum)*, décrit un produit obtenu de la façon suivante : « On dissout 125 grammes d'oxyde de

([1]) Wurtz, *Dict. de Chimie*, t. I, p. 546.
([2]) *Pharm. Zeit. f. Russl.*, t. XX., 1889, p. 310.

mercure dans 250 grammes d'acide nitrique de densité $d = 1,20$, en s'aidant d'une douce chaleur. On ajoute à la solution 4,000 grammes d'eau et on filtre. D'autre part, on dissout 188 grammes de benzoate de soude dans 4,000 grammes d'eau et on mélange peu à peu les deux solutions. On a ainsi un précipité volumineux que l'on ramasse sur une toile; on le lave et on le sèche à la température ordinaire. »

C'est ce procédé qui est reproduit dans la thèse de M. Cochery ([1]) « sur le traitement de la syphilis par les injections sous-cutanées de benzoate de mercure ».

Ce mode de préparation paraît suivi par les industriels qui livrent du benzoate de mercure contenant des quantités appréciables d'acide azotique et quelquefois aussi de l'acide chlorhydrique.

Pour doser le mercure dans les échantillons divers de benzoate de mercure, j'ai utilisé la méthode cyanimétrique de M. le professeur Denigès ([2]), qui conduit rapidement à des résultats d'une exactitude irréprochable.

Il suffit de traiter 20 centigrammes du sel par 1 centigramme d'HCl concentré; il se forme du chlorure mercurique et de l'acide benzoïque qui ne gêne en rien la réaction, le benzoate d'argent étant au même titre que le chlorure soluble dans l'ammoniaque étendue.

Résultats de l'analyse de quatre échantillons.

	I	II	III	IV	Théorie pour $(C^6H^5CO^2)^2Hg$
Hg......	54,78	52,80	42,60	45,12	45,25
$C^6H^5CO^2$..	24,80	23,20	58,00	54,45	54,75
HCl......	16,79	»	»	»	»
AzO³H ...	»	20,36	traces	»	»

([1]) Thèse de Paris (Faculté de médecine), 1889-90, n° 71.
([2]) G. Denigès, *Bulletin de la Société de Pharmacie de Bordeaux* mai 1896, p. 136.

L'échantillon n° I contenait de l'acide chlorhydrique en grande quantité.

L'échantillon n° II était souillé d'une forte proportion d'acide azotique, déterminé par la méthode de Schlœsing après décomposition par la soude.

L'échantillon n° III, très acide, ne contenait que des traces d'acide azotique.

L'échantillon n° IV a été préparé par moi.

Si nous revenons au mode opératoire proposé par Lieventhal, nous voyons qu'il présente l'inconvénient d'obliger à laver le produit obtenu pour lui enlever l'acide nitrique dont il est toujours difficile de priver un précipité.

Si l'on ne se conforme pas exactement aux prescriptions de l'auteur, relativement à la densité de l'acide azotique, on risque, en prenant un acide plus lourd, d'obtenir un benzoate de mercure à excès d'acide.

J'ai essayé de faire agir directement l'acide benzoïque sur de l'oxyde de mercure récemment précipité, et cette méthode, qui est d'ailleurs citée par Tromsdorff dans son mémoire sur les benzoates (¹), me paraît donner des résultats plus satisfaisants. C'est de cette manière que j'ai obtenu le benzoate de mercure n° IV.

On précipite par la soude une certaine quantité de bichlorure de mercure pur, cristallisé, dont on connaît bien, dès lors, la teneur en HgO.

Le précipité est lavé jusqu'à ce qu'il soit complètement privé de NaCl. On mélange alors intimement avec de l'acide benzoïque pulvérisé, mais de façon à ne pas saturer et à laisser un léger excès d'oxyde non combiné. Le mélange primitivement

---

(¹) Fromsdorff, *Encycl. Panckouke*, t. I, p. 46.

jaune est laissé en contact vingt-quatre heures après avoir été étendu d'un peu d'eau et porté à l'ébullition. Au bout de ce temps, il s'est formé une poudre blanche amorphe.

Cette poudre, reprise par une grande quantité d'eau bouillante, s'y dissout. On filtre, et par refroidissement la liqueur abandonne des cristaux soyeux de benzoate de mercure que l'on essore et que l'on sèche à l'air libre.

Propriétés. — Ainsi obtenu, le benzoate de mercure se présente sous la forme de houppes soyeuses, légères, semblables à de la caféine. Les échantillons commerciaux que j'ai eus entre les mains avaient des densités si différentes que si 30 grammes de l'un occupaient un volume de 30 centigrammes environ, la même quantité du second occupait un volume double.

Ces cristaux répondent, comme le démontre l'analyse citée plus haut, à la formule $(C^2H^5CO^2)^2Hg$; il n'y a donc aucune raison pour dénommer ce composé oxybenzoate de mercure, comme l'a fait Lieventhal. Chauffé avec précaution, le benzoate de mercure se volatilise et se sublime.

Contrairement à ce que disent Lieventhal [1] et M. Cochery [2], le benzoate de mercure, bien que très peu soluble dans l'eau froide, se dissout dans l'eau bouillante en notable quantité. Ce fait est d'ailleurs constaté par Wurtz.

L'alcool éthylique et les monoalcools le dissocient en donnant de l'oxyde comme terme ultime de la réaction.

La dissociation, comme je l'ai constaté, croît

[1] Lieventhal, *loc. cit.*
[2] M. Cochery, *loc. cit.*

avec la température, et est complète à l'ébullition.

Le benzoate mercurique se dissout en petite quantité dans le glycol; la glycérine n'exerce sur lui
aucune action dissociante.

Mis à froid en contact avec de l'éther, il est complètement décomposé, en donnant de l'oxyde jaune
de mercure, et une solution d'acide benzoïque.

J'ai pris :

Benzoate mercurique................	0^{gr}25
Éther sulfurique....................	50^{cc}

mélange que j'ai laissé deux heures en contact;
après avoir séparé le précipité par filtration, l'éther
évaporé a abandonné de l'acide benzoïque. Celui-ci,
repris par l'eau, a exigé 11^{cc}3 de NaOH N/10, ce qui
correspond à $C^6H^5CO^2H = 0,0121 \times 13,3 = 0,13673$, au
lieu de 0^{gr}1368.

Le chloroforme agit de même.

Si le benzoate de mercure est difficilement soluble
dans l'eau, un grand nombre de composés en faci-
litent la solution en formant probablement des
combinaisons moléculaires.

J'ai obtenu plusieurs de ces combinaisons que je
n'ai pas encore analysées complètement. Je les
signale simplement, me réservant d'y revenir.

J'ai constaté que les phénols paraissent exercer
une action spéciale sur le benzoate de mercure.
Tandis que les alcools le dissocient, les phénols le
dissolvent et empêchent même sa dissociation par
l'alcool.

C'est ainsi que l'acide phénique en solution alcoolique dissout abondamment le benzoate de mercure; il en est de même de l'hydroquinone et du
naphtol.

L'ammoniaque en solution concentrée donne du benzoate de mercurammonium[1]. En évaporant cette solution, j'ai en effet obtenu de petites masses cristallines groupées en massues, solubles dans l'eau, moins solubles dans l'alcool et donnant un précipité abondant avec le réactif de Nessler.

Le dosage du mercure par le procédé de M. le professeur Denigès y démontre la présence de 44,08 p. 100 de ce métal, la théorie indiquant pour $(C^6H^5CO^2)^2Hg.AH^{23}$, 43,57 p. 100.

J'ai observé que la pyridine, les ammoniaques composées de la série grasse, l'aniline, possèdent aussi la propriété de dissoudre le benzoate de mercure.

On sait que le bichlorure de mercure se dissout aisément dans une solution de chlorure alcalin, pour donner des combinaisons moléculaires, dénommées peut-être à tort chloromercurates.

Le benzoate de mercure partage cette propriété qui a été utilisée pour le solubiliser, en vue d'injections sous-cutanées.

Le Dr Balzer, promoteur de ce genre de traitement, propose les deux solutions suivantes :

I. Benzoate de mercure.........	30 centigrammes.
Chlorure de sodium	10 —
Chlorhydrate de cocaïne	15 —
Eau distillée................	40 grammes.

ou dans certains cas :

II. Benzoate de mercure........	1 centigrammes.
Chlorure de sodium ,.........	30 —
Eau distillée................	100 grammes.

[1] Wurtz, *Dict. de Chimie*, t. I, p. 546.

On retrouve la première formule dans la thèse de M. Cochery.

Dans ces conditions, le benzoate de mercure se dissout bien, mais la première solution a l'inconvénient de donner, au bout de peu de jours, un précipité insoluble qui fait baisser la teneur en mercure de la solution.

Si on fait agir, en présence de l'eau bouillante, 1 molécule de benzoate de mercure et 1 molécule de chlorure de sodium, on a une solution complète, et par refroidissement on obtient des feuillets cristallisés dans lesquels le dosage du mercure correspond à la quantité de mercure contenue dans le composé

$$(C^6H^5CO^2)^2Hg,NaCl.$$

Si le chlorure de sodium est dans la proportion de 2 molécules pour 1 de benzoate de mercure, la solution a lieu à froid, et par évaporation on a des cristaux répondant à la composition

$$(C^6H^5CO^2)^2Hg,2NaCl.$$

Ils sont facilement solubles dans l'eau, et la solution ne coagule pas l'albumine. La potasse, l'iodure de potassium, le sulfhydrate d'ammoniaque donnent les réactions du mercure.

Si on cherche à préparer du benzoate de mercure par double décomposition entre du bichlorure de mercure et du benzoate de soude, on n'obtient pas de précipité, mais la solution concentrée laisse déposer par évaporation des cristaux renfermant du benzoate de mercure et du chlorure de sodium.

. Les bromures et les iodures alcalins dissolvent également le benzoate de mercure.

De ce qui précède il ressort que si le benzoate de

mercure présente des avantages thérapeutiques, l'inconvénient qui résulte de son peu de solubilité peut être évité par l'emploi de ses combinaisons moléculaires avec le chlorure de sodium, faites extemporanément ou obtenues cristallisées.

———

CONCLUSIONS

En résumé, dans ce travail :

1º J'ai indiqué une méthode nouvelle d'analyse des benzoates métalliques.

2º Cette méthode m'a permis de constater :

a) Que si les benzoates alcalins, importants au point de vue pharmaceutique, sont en général bien préparés par l'industrie, les benzoates métalliques d'introduction récente sont des produits mal définis ;

b) Que plus particulièrement :

Les benzoates de bismuth, infidèles dans leur composition, et la plupart du temps souillés d'impuretés qui empêchent d'en apprécier exactement la valeur médicamenteuse, présentent de plus l'inconvénient d'être d'une dissociation facile ;

Leur toxicité relative moindre que celle des salicylates plaide seule en leur faveur ;

c) Que le benzoate de mercure, qui pourrait avoir sa place dans la matière médicale, répond rarement aux qualités que l'on est en droit d'exiger de tout médicament.

3º J'ai déterminé la solubilité et l'état d'hydratation de certains benzoates, et j'ai apporté dans la préparation de plusieurs d'entre eux des modifications justifiées par les résultats de l'analyse.

Bordeaux. — Imp. G. GOUNOUILHOU, rue Guiraude, 11.

www.ingramcontent.com/pod-product-compliance
Lightning Source LLC
Chambersburg PA
CBHW050541210326
41520CB00012B/2666